U0157849

图书在版编目（CIP）数据

壮丽河山/聂辉绘编.—北京：农村读物出版社，2022.2（2023.8重印）
（我们的中国）
ISBN 978-7-5048-5825-2

Ⅰ.①壮… Ⅱ.①聂… Ⅲ.①自然地理－中国 Ⅳ.①P942

中国版本图书馆CIP数据核字(2022)第030637号

中国农业出版社出版
地址：北京市朝阳区麦子店街18号楼
邮编：100125
策划编辑：刁乾超
责任编辑：刁乾超　　文字编辑：屈　娟
版式设计：李　爽　　责任校对：吴丽婷　责任印制：王　宏
印刷：北京缤索印刷有限公司印刷
版次：2022年2月第1版
印次：2023年8月北京第4次印刷
发行：新华书店北京发行所
开本：787毫米×1092毫米　1/16
印张：2.5
字数：50千字
定价：19.90元

服务电话：010－59195115　010－59194918

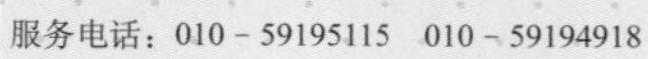

编　　写：聂　辉　赵冬博　宁雪莲　李昕昱
绘　　画：聂　辉　刘东平　施伟阳　段颖琪
美术设计：李　爽　李　文　王　怡　杨春林

壮丽河山

我们的中国

聂 辉 绘编

农村设物出版社
中国农业出版社
北 京

序

我们的国家有辽阔的土地，有丰富多样的地貌，有的景色不是大自然直接赐予的，其中蕴含了古人非凡的智慧与拼搏奋斗的精神。每一个地方都有其独到的景色，这些景色或壮丽、或豪迈、或精致、或神奇，都是我们伟大祖国不可或缺的组成部分。祖国每个地方的景色都拥有自己独特的品格。

随性的热烈与自由的宁静，都是风的品格。

塔克拉玛干沙漠的风是酷热的，在这中国最广阔的沙漠中，绿洲和黄沙你来我往地争斗了那么多年，时光飞逝，让人在回味过来时惊讶于地貌的飞速变化。

喜马拉雅山脉纯净的风从珠穆朗玛峰吹下来，让人心中的一切浮躁烟消云散。“雪之故乡”用自己的方式滋养着广阔的青藏地区的人们，塑造着他们坚毅而自信的品格。

呼伦贝尔大草原风中弥漫着青草的香气，在这个中国最广大的草原上，有数不尽的蒙古包、骏马和牛羊，那是连广角镜头都无法尽数容纳的辽远。

静静流淌的安然和冲天毁地的豪迈，都是水的品格。

青海湖像一面天空明镜，它的宁静在夜晚更能淋漓尽致地表现出来，星辰透亮如冰，与宁静的湖面融为一体。

黄河与长江的悠长好像在述说着中华民族的千年往事，携手东往的两条长河塑造了中华民族的民族性格——勤劳、坚韧、自信而不屈，它们一直在奔腾不息。

多样性的包容与坚韧的沉稳，都是大地的品格。

东北平原无边无际的包容性，是中国最大平原厚重性格的体现，白山黑水润泽的土地上，人们热火朝天地建设自己的家园，这一切都源于人们对于这片土地的眷恋。

祖国的每一处景色都是中华儿女心中最美的容颜，江山如画的土地上，每一个中华儿女对这片土地的深厚情感从未消散，反而愈发深厚。

目 录

塔克拉玛干沙漠

塔克拉玛干沙漠位于新疆维吾尔自治区南部，处在塔里木盆地的范围内。“塔克拉玛干”在维吾尔语中是山下面大荒漠的意思。

塔里木沙漠公路

塔里木沙漠公路（塔克拉玛干沙漠公路）是世界上流动沙漠中修建的最长公路，它采用“强基薄面”的路面结构和“芦苇方格”等防沙手段。

人们对于地下水的利用

新疆地区尤其是塔克拉玛干沙漠周围地区的人们，在灌溉等方面广泛利用坎儿井。坎儿井是一种结构巧妙的特殊灌溉系统，它由竖井、暗渠、明渠和涝坝四部分组成，涝坝即明渠的蓄水池。

沙漠环形铁路

2021年9月27日，新疆的和若（和田至若羌）铁路接上了最后一处钢轨。自此，和若（和田至若羌）铁路、格库（格尔木至库尔勒）铁路、喀和（喀什至和田）铁路和南疆（吐鲁番至喀什）铁路相连，这是世界首条绕沙漠环形铁路。

中国面积最大的沙漠

沙漠是地表完全被沙覆盖、植被稀疏的荒芜区域，在中国的总面积很大。塔克拉玛干沙漠是中国面积最大的沙漠，也是世界第二大流动沙漠和世界十大沙漠之一，面积接近34万平方千米，东西长约1 000千米，南北宽约400千米。在塔克拉玛干沙漠，人们可以感受到独特的自然景观，也可以探寻到几千年来人类活动留下的痕迹，人们在这里生产、生活，生生不息。这里降水稀少，生物多样性较低，更显黄沙浩瀚辽阔。

塔克拉玛干沙漠的植物

塔克拉玛干沙漠植被极端稀少，几乎整个地区都缺乏植物的覆盖。沙丘间的凹地中，可见稀疏的柽柳、硝石灌丛和芦苇；沙漠边缘的河谷地区，常见胡杨等植物。

胡　杨

塔克拉玛干沙漠四周生长发育着密集的胡杨林和柽柳灌木，形成“沙海绿岛”。纵贯沙漠的和田河两岸，是沙漠中的“绿色走廊”，“走廊”内流水潺潺、绿洲相连。

四周有昆仑山等高山，其冰雪融水到夏天顺着山坡形成河流，流入塔里木盆地。

河水流过沙漠，便有一部分渗入沙子里形成地下水。

地下水沿着不透水的岩层流至塔克拉玛干沙漠相对低洼的地带后，即涌出地面，那里的生物种类逐渐增多，从而形成水草丰美的绿洲。

丝绸之路的辉煌

塔克拉玛干沙漠位于陆上丝绸之路的重要通路上，早在几千年前便有人在周围的绿洲居住。张骞通使西域后，这些绿洲上的西域国家与汉朝的联系日益紧密。

绿洲农业

塔克拉玛干沙漠附近地区有大大小小的绿洲，形成绿洲农业，人们在这里生活，发展瓜果业、园艺业、棉花产业，经济效益明显。

塔克拉玛干沙漠的动物

塔克拉玛干沙漠目前有动物种类200多种，周围的河谷灌木丛中有野猪、狼、狐狸等，沙漠东部地区还有野骆驼等动物。

红白山

红白山位于塔克拉玛干沙漠西缘，塔里木盆地中央西南部，东西长90千米。红白山山体突兀，两侧基岩红白分明，站在山上可以望见塔克拉玛干沙漠广阔的黄沙。

海市蜃楼

塔克拉玛干沙漠白天时温度过高，地表的热空气上升后光线发生折射，便会有“海市蜃楼”的景象。

塔克拉玛干沙漠的河流

塔克拉玛干沙漠中唯一一条向北流入塔里木河的河流是和田河，因为塔克拉玛干沙漠蒸发量大，所以它是一条季节性河流。沙漠周围有叶尔羌河、塔里木河、车尔臣河等河流。

斯皮尔古城

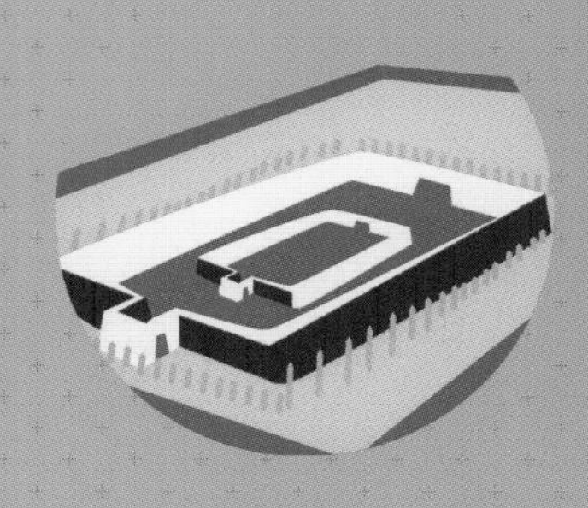

斯皮尔古城地处塔克拉玛干沙漠腹地，面积比10个足球场还大。据考证它是四重城墙的汉朝古城，有完善的园林规划，从复原图可以看到斯皮尔古城的内一城墙、内二城墙，而一排林荫道就是第三重城墙，最外层的篱笆墙则是第四重城墙。

文化元素

黄沙百战穿金甲，不破楼兰终不还。

——（唐）王昌龄《从军行·其四》

小河墓地

小河墓地位于塔克拉玛干沙漠东部，距今3 800年，整体由数层上下叠压的墓葬及其他遗存构成，外观为在沙丘比较平缓的沙漠中突兀而起的椭圆形沙山，2021年入选“百年百大考古发现”，墓地内的干尸经考证为欧罗巴人种。

地下世界的资源

经过科学考察，人们发现塔克拉玛干沙漠的地下有大量的地下水资源和石油等矿产资源，这里已经建成塔里木油田来向我国其他能源需求大的地区输送油气资源。

塔克拉玛干沙漠的气候条件

塔克拉玛干沙漠是典型的暖温带干旱沙漠，最高温度能达到67.2℃，昼夜温差达40℃以上；平均年降水不超过100毫米，最低只有4～5毫米，但平均蒸发量高达2 500～3 400毫米。

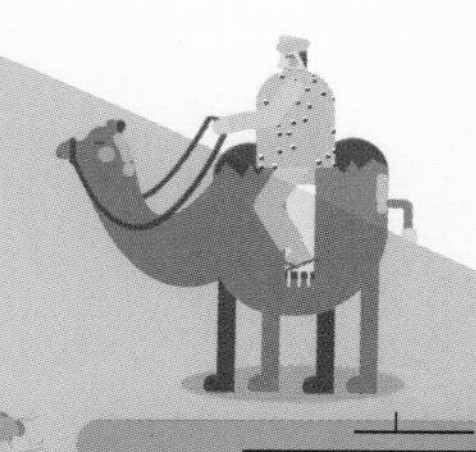

雅鲁藏布大峡谷

雅鲁藏布大峡谷是世界上最深最长的峡谷，也是喜马拉雅山脉重要的水气通道，植被茂盛，雨水丰沛。

珠穆朗玛峰

珠穆朗玛，藏语意为“女神第三”，神话中珠穆朗玛峰是长寿五天女居住的宫室，海拔8 848.86米。这里是地球的最高点，冰雪的故乡，有“世界第三极”之誉。

登顶珠峰

1852年，珠穆朗玛峰被确定为世界最高峰后，每年数百人前来登顶。王富洲是世界首位从北坡登顶珠穆朗玛峰的登山运动员。

水的源头

喜马拉雅山脉是除了两极以外最大的冰雪沉积地区。冰河时代，随着冰雪的下移、消融，数千立方米的冰缓缓下滑，形成冰川。这些冰川是亚洲主要河流的源头，这里发生的微小变化可能影响印度和中国的数千里疆域。

喜马拉雅山脉

喜马拉雅山脉是巨大的板块撞击缓冲区。大约4 000万年前，印度洋板块从南侧慢慢推挤亚洲大陆的边缘，使得这部分地壳无处可去，只能向上抬升，板块重叠的部分不断上升，形成喜马拉雅山脉。

中国海拔最高的山脉

中国海拔最高的山脉——喜马拉雅山脉，藏语意为“冰雪之乡”。它是地球的最高点，是水的源头，也是生命的和谐家园。它耸立在青藏高原南边，主峰是世界最高峰珠穆朗玛峰。喜马拉雅山脉从珠穆朗玛峰到低处的平原峡谷，落差近8 000米，阶梯状的落差，使雪山、荒原与森林、峡谷同在。亚洲重要的大江大河，一多半发源于此。

雨季

喜马拉雅山脉每年大部分的降雨集中在7—9月。每年7月，寒冷的山地吸引着数千千米以外印度洋上的热带空气。在盛夏，突如其来的寒流为大山带来了降雪，雨季来临。

黑颈鹤

超过8 000种鸟儿选择在喜马拉雅山脉生活。海拔4 750米的申扎，有中国最高、最大的黑颈鹤保护区。黑颈鹤是地球上唯一生活在高原上的鹤类，像大熊猫一样珍贵。

阿里

百万年前的阿里是一片大湖。后来，山脉隆起，湖盆上升，阿里有了丰富的人类活动痕迹。象雄国、古格王朝曾在阿里建立了政权。象雄文明有着悠久灿烂的历史，已被列入世界文化遗产的保护范围。

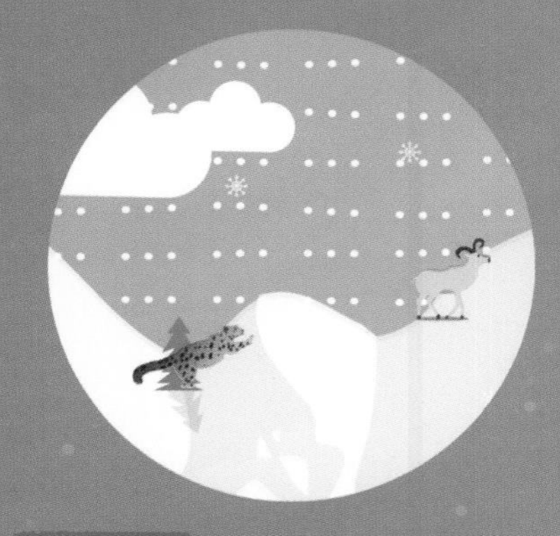

斑头雁

斑头雁迁徙的时候飞得比珠穆朗玛峰还高。它们与众不同：血液中含有特殊的血红蛋白，让它们可以呼吸得更快、更深。斑头雁非常适合在高原生活。

滇金丝猴

长满青苔的高海拔地区是滇金丝猴的乐园。小精灵般的滇金丝猴是除了人类以外，世界上生存海拔最高的灵长类动物。

雪　豹

神秘而罕见的雪豹，经常在海拔4 000米以上活动，被称为“雪山之王”。冬天，雪豹以飘落的大雪为掩护，捕猎悬崖上行走的岩羊。

萨嘎达瓦节

佛教在西藏发展，形成独特的政教合一的藏传佛教。萨噶达瓦节又称佛吉祥日，是藏传佛教的传统节日。

拉　萨

海拔3 650米的拉萨位于河谷平原，每年日照超过3 000小时，被称为日光之城。

青藏高原

喜马拉雅山脉在亚洲大陆形成了一道3 000千米长的隔断，将青藏高原藏在身后。青藏高原是地球上海拔最高的高原，平均海拔超过4 000米，是中国多个民族世代聚居的地方。这里是中国自然保护区最密集的地方。

佛教用品

雅鲁藏布江边一片平缓的山坡生长着狼毒花，狼毒花常被用来制作藏纸，印制藏经。柏木砖的碎末，配以藏红花等喜马拉雅山脉的名贵药材，做成藏香。质地松软的石头，被加工成彩色沙粒，用来绘制佛的城市——坛城。

喜马拉雅悬崖蜂

喜马拉雅悬崖蜂是世界上体型最大的蜜蜂，拥有蜜蜂种群中最强的攻击力和毒性，能飞到海拔4 000米以上采蜜。它们的蜂巢直径超过两米，高高悬挂在峡谷中间。上好的喜马拉雅蜂蜡可以用来制作佛像。

青　稞

海拔4 500米以上，几乎是所有农作物的禁区，然而人们依然在此种植着一种最顽强的高原作物——青稞。

格萨尔王

格萨尔王在藏族的传说里是神子推巴噶瓦的化身。十几岁的觉如参加赛马大会，登上王位，称格萨尔王。从此，他统领岭国，征战四方，成为藏族人民引以为傲的旷世英雄。早在10世纪，格萨尔王的故事就在喜马拉雅山脉附近广泛流传。格萨尔王的传记被称为“世界上最长的史诗”。

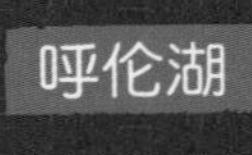

呼伦湖

当地牧人称呼伦湖为达赉诺尔，意为“海一样的湖”，是内蒙古自治区第一大湖，也是中国北方地区重要的鸟类栖息地和东部内陆鸟类迁徙的重要通道。春秋两季，南来北往的候鸟种类繁多。

贝尔湖

贝尔湖又称嘎顺诺尔，意为“苦海”，位于呼伦贝尔草原的西南部边缘，是哈拉哈河和乌尔逊河的吞吐湖，是中蒙两国共有的淡水湖泊。贝尔湖与呼伦湖相同，都有大量经济鱼类资源，如鲤鱼等。

那达慕大会

“慕”是蒙古语的音译，意为“娱乐”“游戏”，那达慕大会是居住在内蒙古自治区等地蒙古族、鄂温克族、达斡尔族等族人民的盛大集会，于每年夏秋季举行，呼伦贝尔地区也会举办。大会期间，呼伦贝尔草原地区各地农牧民齐聚一堂，场内不仅售卖各种民族产品，也会举办赛马、射箭、摔跤等文化体育活动。

中国最大的草原

草原是中国引以为傲的资源，中国的草原总面积将近4亿公顷，占全国土地总面积的40%左右，广阔的草原孕育了独特的人文环境和丰富的自然生态环境。呼伦贝尔草原是我国面积最大的草原，因呼伦湖和贝尔湖得名，呼伦的蒙古语意为“水獭”，贝尔的蒙古语意为“雄水獭”，这表明两湖曾经盛产水獭。它位于祖国雄鸡形版图一个酷似鸡冠的地方，从我国东面的大兴安岭一直到西面与蒙古国交界的边境，水草丰美的这片草原宛如“北国碧玉”。

中国最冷的地方

中国最冷的地方是呼伦贝尔市下辖的根河市，根河是蒙古语“葛根高勒”的谐音，意为“清澈透明的河”。这里年平均气温为-5.3℃，极端低温可以达到-58℃，被称为“中国冷极”。

敖 包

敖包多是用石头堆砌的圆锥形实心塔，它的顶端插着一根长杆，杆头上系着牲畜毛角和经文布条，四面放着烧柏香的垫石。祭祀时，敖包旁还插满树枝，供有整羊、马奶酒、黄油和奶酪等。

欢迎远方而来的客人

客人从远道而来，牧民通常会敬下马酒，唱敬酒歌并献哈达。进入蒙古包后，客人可以品尝民族小食品，如奶茶、奶干等。

草原的经济发展

呼伦贝尔草原上的主要牲畜为牛、羊、马。牛和羊是重要的生产资料，皮毛可以作为纺织业等行业的原料，如羊毛可以织成地毯，牛皮可以制成皮革来生产高级皮包、皮鞋等；牛奶、羊奶可以加工成各种奶食品。当地的畜产品和牧草远销世界各地。

牧草王国

呼伦贝尔草原水草丰美，有碱草、针茅、苜蓿、冰草等120多种营养丰富的牧草，被称为“牧草王国”。

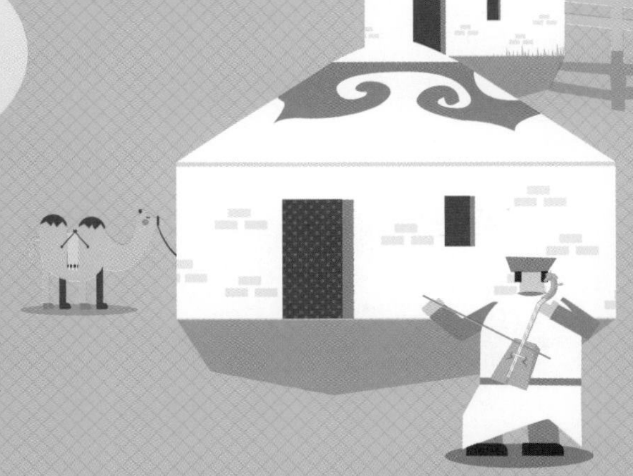

草原饮食

由于采取以畜牧业为主的经济形式，草原上多饲养牛、羊、马等牲畜，相关产品便作为当地牧民的重要食物，如牛羊肉、奶制品等。

敬酒仪式

敬酒时，主人将美酒斟在银碗、金杯或牛角杯中，唱起蒙古族传统的敬酒歌；宾客应立刻接住酒，用无名指蘸酒向天、地、火炉方向点一下，以示敬奉天、地、火神。

蒙古包

蒙古包古称“穹庐”，搭建好的蒙古包外观上面呈圆锥形，下面呈圆柱形，帐顶及四壁覆盖或围以毛毡，并用绳索固定，它是蒙古族的传统民居。

马头琴

马头琴是蒙古民间两弦的拉弦乐器，蒙古语称“潮尔”，它有梯形的琴身和雕刻成马头形状的琴柄，琴身即共鸣箱，演奏时声音低沉悠长。

·中国最大的湖泊·

我国湖泊数量众多，因自然环境不同而各具特色，其中最大的湖泊是青海湖。青海湖位于青海省内、青藏高原东北部，古称“西海”，藏语称“措温波”，意为“青色的海”，它是由祁连山脉支脉的大通山、日月山、青海南山之间的断层陷落形成的。多民族的人们在此生活，形成了独特的人文底蕴。

青海湖的美丽传说

1 000多年前，唐朝与西藏地区的吐蕃联姻，文成公主远嫁吐蕃王松赞干布。临行前，唐太宗李世民赐给她能够照出家乡景象的日月宝镜。途中，文成公主思念家乡，便拿出日月宝镜，果然看到了久违的长安，她泪如泉涌。公主记起自己的使命后，毅然决然将日月宝镜扔出手去，没想到宝镜落地时闪出一道金光，变成了青海湖。

咸水湖是怎样形成的

青海湖是许多内流河的归宿，这些河流的河水因为周围山脉的地势影响，只能流入青海湖，不能流出。而且由于蒸发旺盛，青海湖盐分逐渐变多，从而形成咸水湖。

湖中精灵

青海湖中的特有鱼种叫“湟鱼”，它是一种没有鳞片的冷水鱼，学名“青海湖裸鲤”。湟鱼鱼身泛黄，生长特别缓慢，在湖水中游动时，光与影的搭配更显灵巧，它是国家二级保护动物。

环青海湖国际公路自行车赛

环青海湖国际公路自行车赛简称“环湖赛”，于2002年开始举办，环湖赛是世界上海拔最高的国际性公路自行车赛。

青海湖祭海

青海湖祭海是青海省海北藏族自治州传统民俗、国家级非物质文化遗产之一，于每年的农历七月十五举行。祭海活动除了由喇嘛诵经外，还有藏、蒙古等族群众敬献哈达、炒面等祭品，祈祷国泰民安。

多民族生活繁衍的地方

青海湖地区属于多民族居住地区，当地有藏族、汉族、蒙古族、回族等12个民族，其中藏族人数最多，是湖区的主要民族。

秦　马

青海湖一带所产的马在春秋战国时期就很有名，当时被称为“秦马”,《诗经》曾描写过“秦马”的雄壮和善驰：“四牡孔阜，六辔在手。”

丝绸之路青海道

丝绸之路青海道是魏晋南北朝时期以青海湖为中心，联通中原与漠北、西域等地的交通道路，又称“吐谷浑道”“河南道”。

唐蕃古道

唐朝时，在丝绸之路青海道的基础上开辟了唐蕃古道，它是从长安（今西安）经过青海连接逻些（今拉萨）的古道，历史上文成公主曾通过这条路前往逻些（今拉萨）完成与吐蕃松赞干布的和亲。

布哈河

布哈河是汇入青海湖的各河流中最大的支流，全长约300千米，藏族称“牦牛之河”。布哈河发源于祁连山脉的沙果林那穆吉木岭，自西北流向东南，在鸟岛附近注入青海湖。

青海湖的正温层现象

青海湖的水温在夏季有明显的正温层现象，湖水表层温度8月份达到最高，为22.3℃；水的下层温度较低，最低为6℃，水温随深度增加而下降。秋季因湖区多风而发生湖水搅动，水温分层温度现象基本消失。

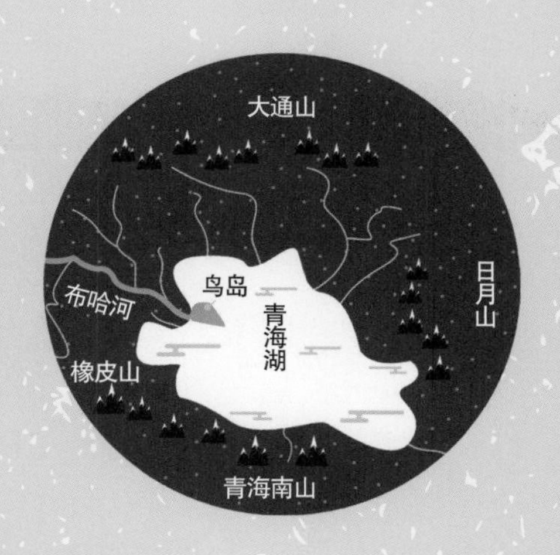

青海湖的古人类活动

2014年，考古学家在青海湖南岸古人类活动的遗迹中发现两个时段，时段分别距今约1.5万年和8 500年，当时这里的人们以狩猎采集为主，在高原上随猎物迁徙。

青海湖的逆温层现象

青海湖的水温在冬季湖水结冰后出现逆温层现象，即深度越深，湖水水温越高。春季湖水解冻后，湖水表层水温又开始上升。

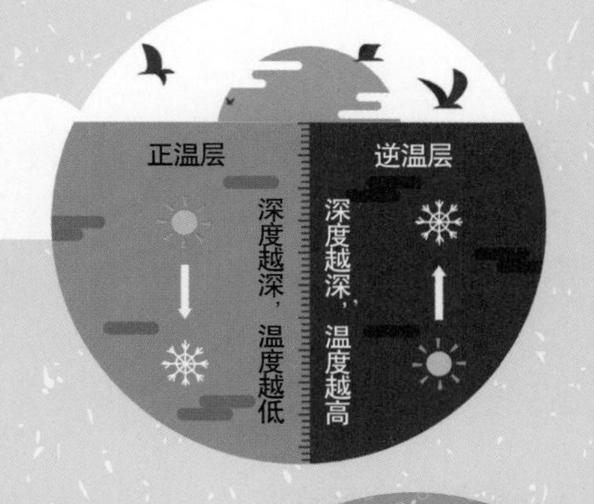

青海湖鸟岛

青海湖鸟岛因岛上栖息数以十万计的候鸟而得名，分为一东一西两个岛，西边小岛叫海西山，主要生活着斑头雁、鱼鸥、棕颈鸥等鸟类；东边的大岛叫海西皮，因地势平坦而成了鸬鹚的领地。

·中国含沙量最大的河流·

黄河是中国第二长河，是中华民族的“母亲河”，黄河流域的众多历史遗迹表明在很早之前这里就有先民生产、生活；同时，黄河是中国乃至世界含沙量最大的长河。

发源于青海省巴颜喀拉山脉的黄河呈“几”字形，流经青海、四川等9个省份，在经过黄土高原时携带着当地大量泥沙奔向黄河下游，年平均输沙量达16亿吨，相当于堆成1米见方的土堤绕地球27圈。这些泥沙一小部分形成冲积平原，大部分直接流入渤海。

黄河源头

黄河源头主要有3个，即扎曲、约古宗列曲和卡日曲。卡日曲与扎曲、约古宗列曲汇聚形成玛曲。

黄河上游

黄河上游指从源头段至内蒙古托克托县河口镇的这一段。出鄂陵湖后，从青海玛多至下河沿这一段地势落差近3 000米，适合水力发电；下河沿至河口镇这一段水流平缓，形成宁夏平原和河套平原等著名灌溉农业区。

扎陵湖与鄂陵湖

扎陵湖与鄂陵湖位于黄河源头段，有“黄河源头姊妹湖”之称。

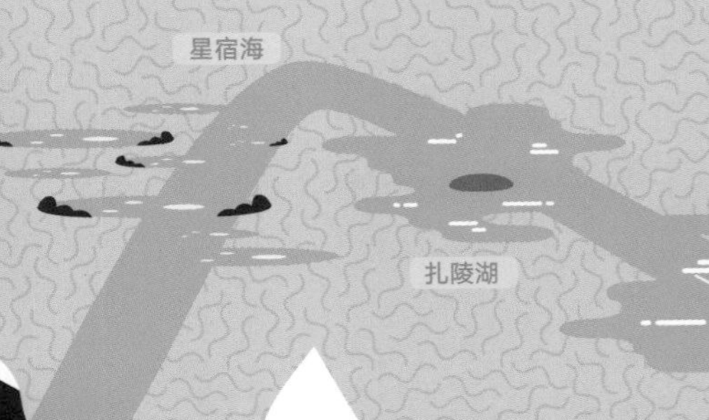

龙羊峡水电站

龙羊峡水电站是黄河上游的第一座大型梯级电站，是黄河上游梯级开发的25座水电站中的第一级电站，位于龙羊峡谷入口处，于1989年6月全部完工。龙羊峡谷河道落差200多米，有丰富的水能资源进行发电。

为什么黄河泥沙含量大

黄河流经黄土高原，当地由于植被破坏严重导致水土流失现象严重，在夏秋季节降水量大而集中导致泥沙冲刷进入河道。

黄河中游

黄河中游是从内蒙古托克托县河口镇一直向东至河南郑州桃花峪的这一段，这段黄河泥沙逐渐增多，流域面积30多万平方千米；而且有晋陕峡谷，它是山西与陕西的分界线，晋陕峡谷下段有壶口瀑布。

黄河下游

黄河下游是从郑州桃花峪至入海口的这一段，河道贯穿华北平原，流域面积2万多平方千米，数千年来因为泥沙淤积和降水集中等原因，黄河决口上千次，甚至多次改道，导致入海口位置变化。

黄河入海口

现在的黄河入海口位于山东省东营市黄河口镇，土黄色的黄河水与蓝色的大海在这里交汇。

大汶口遗址

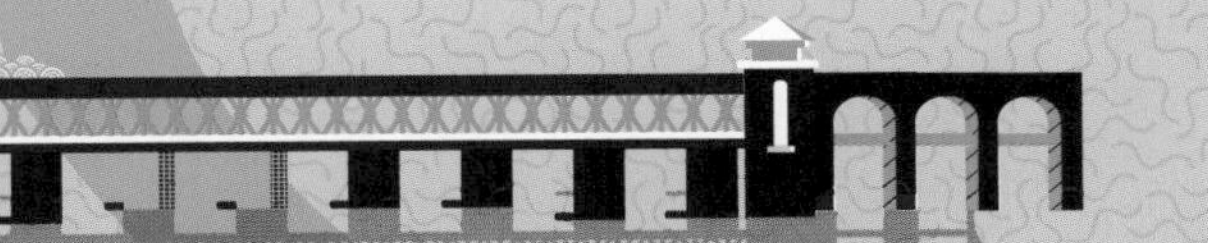

小浪底水利枢纽工程

它是集防洪、发电等功能为一体的大型综合水利枢纽工程，位于三门峡以下，有“小千岛湖”的美誉。

炳灵寺石窟

炳灵寺石窟位于黄河上游的甘肃省永靖县，“炳灵”是藏语“十万佛”的音译。石窟始建于西晋，后得历代扩修，现存窟龛近200个，2014年被列入世界遗产名录。

黄帝陵

黄帝陵处在黄河中游的陕西延安，是中华民族始祖轩辕皇帝的陵寝，是中华民族的精神标识，号称“天下第一陵”，人文初祖大殿是其主体建筑。

面食的天堂

黄河中下游的山西省、陕西省与河南省是著名的面食天堂，而山西面食被称为“世界面食之根”，产生了山西刀削面、陕西biang biang面、河南七彩馍等烹制面食，这与3个省份大面积种植小麦有很大关系。

仰韶文化

仰韶文化是位于黄河中游地区的新石器时代彩陶文化，距今大约3000～5000年，代表遗址有渑池村遗址、半坡遗址等。

半坡遗址

半坡遗址是仰韶文化早期遗址，距今约有6000年，位于陕西省西安市，处于黄河中游地区，发掘出陶窑、墓葬、房屋等，是黄河流域规模最大、保存最完整的原始社会母系氏族村落遗址。

黄河源头的野生动物

黄河源头段位于高原地区，这里独特的生态系统孕育了多个物种的野生动物，有肉食动物雪豹、狼、猞猁等，藏族与雪豹共存上千年，可算是地球上与雪豹接触最多的民族之一；还有大型的蹄类动物岩羊、藏原羚、野牦牛等。

黄河的航运

黄河航运最早可追溯到春秋时期黄河小北干流段的“泛舟之役”，这是我国第一次有记载的远距离大规模水上运输。但唐宋以来，随着泥沙和洪涝灾害频发，黄河上的航运只作为短途的辅助运输手段。

壶口瀑布

壶口瀑布是陕西省与山西省共有的旅游区，是中国第二大瀑布，是世界上最大的黄色瀑布。黄河奔腾着流过这里，河口收束狭如壶口，故名壶口瀑布，第四套人民币上还有壶口瀑布黄河水奔流的图案。

文化元素

君不见

黄河之水天上来，

奔流到海不复回

——（唐）李白《将进酒》

长江上游

长江上游指长江源头至湖北宜昌这一江段，长4 529千米，控制流域面积约100万平方千米。长江在高原与群山之间劈开一道道险峻的峡谷，勇敢无畏地奔流着。长江发达的水系孕育了多样的生物。

长江源

长江发源于“世界屋脊”——青藏高原的唐古拉山脉各拉丹冬峰西南侧，它的源头有三条长短不一的河流：沱沱河、楚玛尔河、当曲河。

长江第一湾

在香格里拉市的沙松碧村，长江突然来了个急转弯，夺路北上，形成了罕见的“V”字形大弯，人们称这天下奇观为“长江第一湾”。

虎跳峡

举世闻名的虎跳峡是万里长江第一大峡谷，横穿于哈巴和玉龙雪山之间，江流最窄处仅约30米。相传猛虎下山，在江中的礁石上稍抬脚，便可腾空越过，故称虎跳峡。

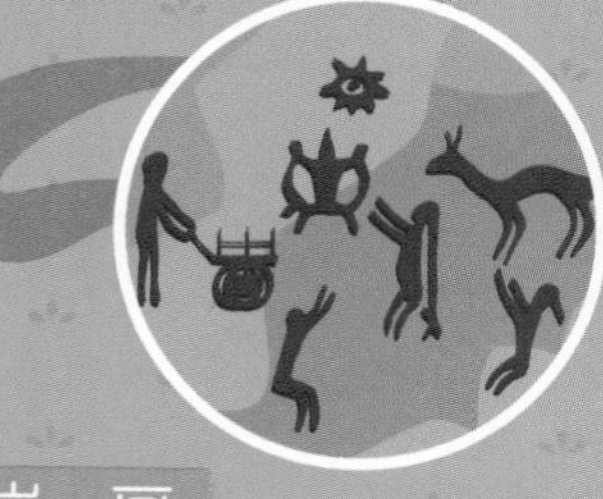

岩 画

人迹罕至的高原无人区，留下了古人的痕迹，在长江源区的通天河流域，人们发现多处岩画遗存。在岩石上，古人用朴实自然的方式记录他们的劳动方式和生活场景。

野生动植物共享的家园

长江上游水草丰茂的高原湖泊是上万种野生动植物共享的家园，奔跑的藏羚羊、雪中的金丝猴、可爱的大熊猫在长江的庇护下繁衍生息。

中国第一大河

人类文明起源于江河。长江是中华文明的摇篮，它全长6 000千米，长度仅次于亚马孙河和尼罗河，位居世界第三，是中国最长的河流。长江流域面积178.3万平方千米，干流流经青海、四川、西藏、云南、重庆、湖北、湖南、江西、安徽、江苏、上海11个省份，于崇明岛以东注入东海。

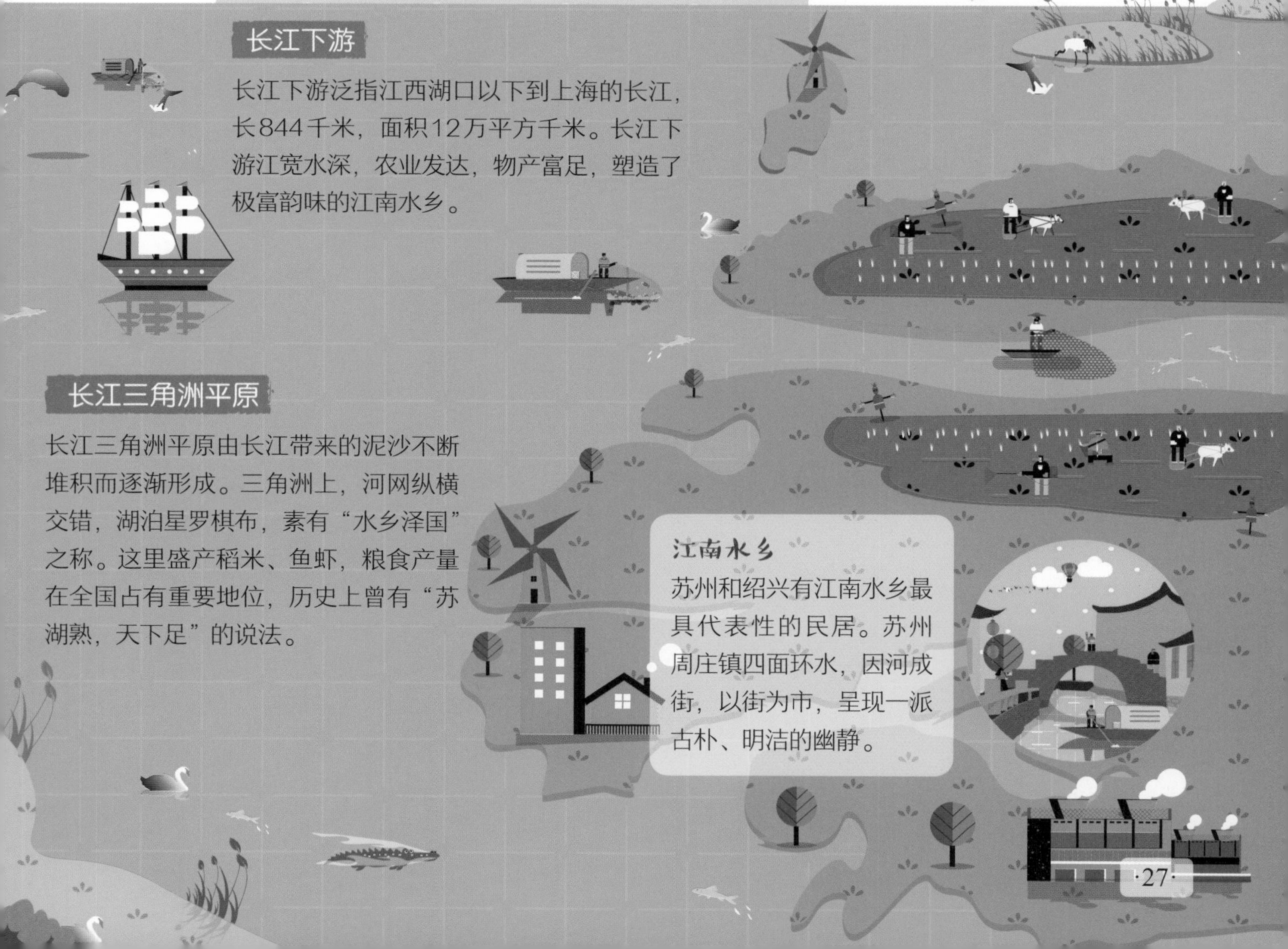

长江下游

长江下游泛指江西湖口以下到上海的长江，长844千米，面积12万平方千米。长江下游江宽水深，农业发达，物产富足，塑造了极富韵味的江南水乡。

长江三角洲平原

长江三角洲平原由长江带来的泥沙不断堆积而逐渐形成。三角洲上，河网纵横交错，湖泊星罗棋布，素有“水乡泽国”之称。这里盛产稻米、鱼虾，粮食产量在全国占有重要地位，历史上曾有“苏湖熟，天下足”的说法。

江南水乡

苏州和绍兴有江南水乡最具代表性的民居。苏州周庄镇四面环水，因河成街，以街为市，呈现一派古朴、明洁的幽静。

武汉长江大桥

新中国成立以前，长江上没有一座大桥，人们只能通过轮渡过江，交通十分不便。“一桥飞架南北，天堑变通途”，新中国成立以后，大量高投入、高技术、大跨径的长江大桥如雨后春笋纷纷修建起来。武汉长江大桥是新中国成立后修建的第一座公铁两用长江大桥，素有“万里长江第一桥”的美誉。

长江中游

长江中游指宜昌市至湖口县这一江段，长927千米，流域面积约68万平方千米。河道弯曲宽阔，一路挽起的众多湖泊，成为动物栖息的天堂。大江东去，带来了便利的航运、丰厚的肥力，但也给出行带来不便，汛期还可能泛滥成灾。长江大桥、大坝体现了人们利用自然的智慧。

水系发达

长江水系发达，由700多条支流和不计其数的湖泊组成。支流流域面积以嘉陵江最大，年径流量、年平均流量以岷江最大，长度以汉江最长。

长江“双肾”

鄱阳湖、洞庭湖被称为长江“双肾”。洞庭湖盛产芦苇。芦苇丛是麋鹿隐身嬉戏的地方，也是丹顶鹤、天鹅、东方白鹳等的栖息场所。碧波万顷，芦花飘香，一片安宁祥和。

三峡水电站

三峡水电站即长江三峡水利枢纽工程，是世界上规模最大的水电站。2020年11月15日8时20分，三峡工程发电量打破了此前南美洲伊泰普水电站创造并保持的单座水电站年发电量世界纪录。

长江江豚

长江流域分布的水生生物种类繁多，有4 300多种，其中鱼类400多种。中华鲟、长江鲟、长江江豚等受到国家重点保护。江豚是中国特有的淡水鱼种，有“长江美人鱼”的雅称。

扬子鳄

扬子鳄是长江流域特有的爬行物种，已经在地球上栖息了数亿年。

·中国最大的平原·

在我国著名的三大平原中，东北平原面积最大。东北平原是世界四大黑土区之一和我国粮食主产区之一，这里有最大的沼泽区域，同时是我国重要的工业基地，位于我国东北部，由东北面的三江平原、北面的松嫩平原和南面的辽河平原组成，地跨黑龙江、吉林、辽宁和内蒙古4个省份，处于大兴安岭、小兴安岭和长白山脉之间，南抵辽东湾，面积约为35万平方千米。

松花江

松花江是黑龙江在中国境内的最大支流，发源于长白山天池，松花江一路向北流淌，与嫩江汇合，最终注入黑龙江河口。

种类丰富的野生动物

东北平原林区有野生动物1000余种，有东北虎、天鹅、丹顶鹤等珍稀动物。

嫩　江

嫩江发源于大兴安岭，向南汇入松花江，是松花江的重要水源。嫩江中下游为松嫩平原农业区，它是黑龙江省主要粮食产区之一。

三江平原

三江平原位于东北平原东北部，是黑龙江、松花江、乌苏里江汇合冲积而成的平原低地，适合水稻与大豆的生长。

松嫩平原

松嫩平原是东北平原面积最大的组成部分，由松花江和嫩江冲积而成，位于大、小兴安岭与长白山脉的中间区域，盛产大豆、小麦、玉米、甜菜、亚麻、马铃薯等作物。

“铁人”王进喜

新中国成立初期，我国石油短缺而找不到任何一口油田，王进喜带领团队勘测油田，打大庆油田第二口井时发生井喷，他自己跳入水泥中搅拌，制服井喷，被誉为“铁人”。

我国著名的三大平原

我国著名的三大平原是东北平原、华北平原、长江中下游平原。

辽河平原

辽河平原位于辽东丘陵和辽西丘陵之间，向南直至辽东湾，有东北平原“南大荒”之称，经过治理后适合农业生产，是东北平原重要的水稻产地。

黑龙江

黑龙江跨中国、蒙古、俄罗斯三国，流域面积近200万平方千米，发源于额尔古纳河。2004年，中国和俄罗斯签署最后边界协定，将两国国界以黑龙江为基本界限划清。

新中国的“工业摇篮”

东北平原上的东北三省被誉为新中国的“工业摇篮”，从第一个五年计划开始，国家就在东北地区布局钢铁、能源、重型机械、飞机、造船、化工等项目。

“红松故乡”

小兴安岭位于东北平原东北部，属于低山丘陵山地，南北长约450千米，是黑龙江与松花江的分水岭、我国重要的用材林基地，素有“红松故乡”的美誉。

“九·一八”历史博物馆

“九·一八”历史博物馆位于沈阳市九一八事变发生地，“九·一八”残历碑是其标志性建筑。1999年9月18日，扩建后的新馆正式落成开馆，是国家级爱国主义教育基地。

大兴安岭

大兴安岭是兴安岭的西部组成部分，位于黑龙江省西北部，整体呈东北－西南走向，山岭之中原始森林密布，主要有樟子松、白桦等林木品类。

五大连池

五大连池地处小兴安岭山地向松嫩平原的过渡地带，名称源于火山喷发时熔岩阻塞白河河道，形成5个相互连接的湖泊，是莲花湖、燕山湖、白龙湖、鹤鸣湖、如意湖组成的串珠状湖群。

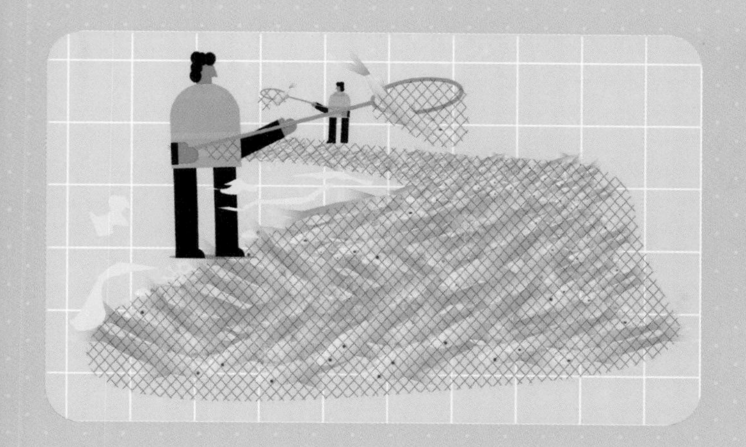

查干湖冬捕

查干湖，蒙古语意思是白色圣洁的湖，是位于吉林省西北部的淡水湖。查干湖冬捕是一种古老的渔猎方式，破冰下网捞捕湖中鱼前要举行跳舞、祭湖、醒网等仪式。查干湖冬捕于2008年列入国家级非物质文化遗产保护名录。

鄂伦春族的狍皮衣

鄂伦春族是东北地区人口最少的少数民族之一，其创制的狍皮衣和狍皮帽多半保持狍皮的本色，用狍筋搓成细线缝制，这是东北平原重要的少数民族特色。

鄂伦春族的刺绣艺术

鄂伦春族刺绣是鄂伦春族的独特艺术形式，一般由鄂伦春族妇女将动物等装饰图案绣在从头到脚的各种衣物之上。

“虎啸于林”

东北虎之前因为生态环境恶化等原因一度在小兴安岭地区绝迹，但随着对生态环境的治理，“虎啸于林”重现。